中国石油岗位员工安全手册

采气工安全手册

中国石油天然气集团公司安全环保部 编

石油工业出版社

图书在版编目(CIP)数据

采气工安全手册/中国石油天然气集团公司安全环保部编.
北京：石油工业出版社，2008.4
（中国石油岗位员工安全手册）

ISBN 978-7-5021-6433-1

Ⅰ.采…
Ⅱ.中…
Ⅲ.天然气开采—安全技术—技术手册
Ⅳ.TE38

中国版本图书馆 CIP 数据核字（2007）第 205609 号

出版发行：石油工业出版社
（北京安定门外安华里 2 区 1 号 100011）
网　址：www.petropub.com.cn
编辑部：（010）64523582　发行部：（010）64523620
经　　销：全国新华书店
印　　刷：石油工业出版社印刷厂
2008 年 4 月第 1 版　2008 年 4 月第 1 次印刷
850×1168 毫米　开本：1/32　印张：3.25
字数：42 千字
定价：10.00 元
（如出现印装质量问题，我社发行部负责调换）
版权所有，翻印必究

前 言

安全事关广大员工的幸福和安康，事关公司价值和在公众中的形象，每一名员工都必须重视安全、实现安全。

公司鼓励员工养成良好的作业习惯。公司有责任为员工提供安全的工作环境，员工应严格遵守安全规定。

公司鼓励员工对安全工作提出建议和批评。员工有权拒绝执行可能危及安全的违章指挥，停止任何不安全的作业。任何人出于对安全考虑而停止了工作或提出建议，都应该得到表扬鼓励和奖励。

公司鼓励员工汇报事故隐患并从事故中吸取经验教训。所有员工发现险情事件、不安全的行为和状况都应汇报；所有险情事件、不安全的行为和状况都应调查分析，并从中共享经验教训，这对改进安全工作来讲是非常重要的。

为进一步规范岗位员工安全操作，夯实安全生产基础，中国石油天然气集团公司安全环保部组织分岗位编写了《中国石油岗位员工安全手册》系列培训教材。手册以安全为主线，以风险识别和控制为依据，以案例分析为警示，紧密结合岗位员工的现实需要，旨在有效指导一线岗位员工的工作和学习。本系列培训教材为岗位员工提供了应该了解的基本安全信息，每一位员工都应该认真学习、熟知这些信息，并应用到工作中去。

本书是为采气工编写的安全手册，主要内容包括：采气作业安全特点及基本安全要求、操作安全要求、事故报告、突发事件处理程序、应急设备、危险化学物品安全资料、常见"三违"行为和典型事故案例等。中国石油长庆油田公司承担了本手册的编写任务，主要由王晓朝执笔，焦小莉、黄彬、文明参与了编写，由中国石油长庆油田公司毛怀新、朱国君、马宏发、张炳孝、田建峰，中国石油大庆油田有限责任公司付庆鑫，中国石油西南油气田公司徐代英，中国石油塔里木油田公司王胜雷等专家做了审定和修改工作。在此表示衷心感谢！

编　者
2007年11月

承 诺

本人已经认真阅读了本手册，了解其中的内容。在此，我保证在任何时候都将履行自己的安全责任，并为创造安全的作业环境贡献力量。

我会：

理解并遵守所从事的以及接触到的工作的相关规定；

提醒他人遵守现场安全标识和指令；

制止任何见到的不安全行为；

正确佩戴适用于所做工作的劳保用品；

在上下台阶时使用扶手；

选用合适的工具并正确操作；

保持工作场所整洁、无障碍物；

向有关领导报告所有的事故、未遂事件和隐患；

尽可能减少资源浪费。

签名：＿＿＿＿＿＿

目 录

第一章 采气作业安全特点及基本安全要求 ………………………… 1

第二章 操作安全要求 …………………… 10

第三章 事故报告 ………………………… 31

第四章 突发事件处理程序 ……………… 32

第五章 应急设备 ………………………… 40

附录一 危险化学物品安全资料 ………… 48

附录二 常见"三违"行为 ……………… 64

附录三 典型事故案例 …………………… 77

参考文献 …………………………………… 87

第一章 采气作业安全特点及基本安全要求

一、采气作业安全特点

在采气作业过程中，天然气与空气混合易形成爆炸性混合物，遇火源极易爆炸、燃烧；未经净化的天然气可能含有硫化氢，泄漏后会引起中毒或窒息。另外，物体打击、机械伤害、灼烫、高处坠落、触电、低温冻伤以及雷击等现象也有可能发生。

● **火灾和爆炸的危险**

在正常情况下，天然气、甲醇等易燃易爆物质在密闭的管道及设备内输送，不具备发生火灾、爆炸的条件。但由于设计缺陷、工程质量缺陷、材料缺陷、腐蚀、老化、机械磨损、密闭不严,违章作业、操作失误等,可能导致可燃物质释放,在空气中形成爆炸性混合物,一旦接触点火源即可引发火灾、爆炸事故。

采气作业场所中,点火源可能存在的主要形式有明火、电火花、碰撞火花、静电、雷电等。

1. 明火源及其形成。

除加热炉、采暖炉、燃气灶等明火源外,火柴、打火机、烟头、电气焊作业等均会成为点火源。

2. 电气点火源。

未按标准规范要求选择和安装相应防爆等级的电器、仪表设施,用电设施老化、超负荷、短路等都可能形成电气点火源。

3. 碰撞火花。

设备机体摩擦、金属碰撞、钉子鞋与地面碰撞等都可能产生碰撞火花。

4. 静电点火源。

岗位人员未穿符合规范要求的防静电服装、设备设施未进行可靠的防静电接地、管道中气（液）高速流动等都可能积聚静电荷，形成静电点火源。

5. 雷电点火源。

设备、设施等未按规范要求进行可靠的防雷接地或防雷设施安装不符合要求，当发生雷击时，可能形成雷电点火源。

6. 其他点火源。

车辆产生的火花、使用非防爆的通信设备、硫化亚铁自燃等均可形成点火源。

● **其他危害和危险**

1. 中毒或窒息。

采气作业中接触到的天然气、甲醇、硫化氢等，都容易造成人员中毒或窒息。

2. 物体打击。

装卸作业、起吊作业、敲击作业、高处作业、承压部件损坏、运转部件断裂等可能造成物体打击。

3. 带压液体和气体危害。

带压液体（如甲醇、三甘醇、缓蚀剂等）和气体发生刺漏时击中人体，会造成人员伤害。

4. 灼烫。

发电机、压缩机、加热炉、采暖炉、重沸器等设备的高温部件，若防护措施失效，人员意外接触，均可造成烫伤。

5. 物理爆炸。

受压容器、带压管道老化、腐蚀、缺陷、超温、超压，可能发生物理性爆炸，还可能造成二次事故的发生。

6. 高处坠落。

高处作业时，若防护栏、平台、扶梯损坏或松动，或未正确使用安全带，可能发生高处坠落。

7. 机械伤害。

发电机、压缩机、注醇泵、污水泵等设备的旋转部件、传动件，若防护设施失效或残缺，或作业时穿戴不规范的劳动保护用品，易发生辗伤、挤伤、绞伤等机械伤害。

8. 触电。

发电机、机泵、变压器、配电装置、照明设施等，若存在漏电、绝缘失效、保护接地失效，或人员在未断电的情况下作业，易发生触电事故。

9.噪声。

发电机、压缩机、通风机等设备在运行时都可能产生较大噪声。调压阀、节流装置、放空系统等在节流或流速改变时也会产生噪声。

二、基本安全要求

● 采气工安全要求

1.必须经过安全和技术培训，取得上岗资格证书后方可持证上岗。

2.上岗前必须按规定穿戴劳动保护用品、佩戴监测仪器。

3.服从正确指挥，拒绝违章指令，制止不安全行为。

4.禁止非法使用麻醉品、药物，工作期间及上岗前8小时禁止饮酒和饮用含有酒精成分的饮料，工作期间禁止使用影响精神表现的物品。

5. 熟悉岗位安全职责,掌握作业安全管理规定及注意事项。

6. 熟悉天然气、甲醇、三甘醇、缓蚀剂、硫化氢以及其他可能接触的有毒有害、易燃易爆物质的特性、危害及防范措施。

7. 熟练使用消防器材、气体检测仪、空气呼吸器、紧急供氧装置等,并会正常维护。

8. 熟练掌握天然气生产工艺流程、运行参数,了解作业过程中存在的危害和预防措施。

9. 熟练掌握采气工艺装置(设备)的安全操作规程、故障排除方法及日常维护注意事项。

10. 熟悉巡检路线、内容和标准,如实填写相关记录,及时发现和消除隐患。

11. 熟练掌握事故报警程序、方法、应急措施、抢险原则,掌握人工呼吸、心肺复苏术等急救常识和逃生方法。

12. 熟悉天然气放空、污水排放、固体废弃物的处理等有关规定。

● **工艺基本安全要求**

1. 压力安全控制：严格执行工艺压力参数。压力监测仪器仪表、超压报警、联锁保护、泄压设施、防爆装置等必须可靠有效。

2. 温度安全控制：严格执行工艺温度参数。温度监测仪器仪表、温控点超限报警及联锁保护系统必须可靠有效。

3. 流量安全控制：严格执行工艺流量参数。流量检测仪器仪表可靠有效，有效控制置换、吹扫介质流速。

4. 腐蚀安全控制：做好工艺防腐、设备防腐及腐蚀情况的定期跟踪、检查和上报。

5. 泄漏安全控制：加强日常巡检，发现泄漏及时截断流程并上报。

6. 环境污染控制：通过有效措施降低工作环境噪声危害；密闭排污，密闭装卸有毒有害固体废物，减少挥发或散失。

● **常用设备安全要求**

1. 设备不能超温、超压、超速、超负荷、超期使用。

2. 各种报警装置、安全阀、液位计、仪器仪表、呼吸阀、阻火器等安全附件,必须齐全可靠,并定期检查、校验。

3. 按时巡检,及时进行清洁、润滑、调整、紧固、防腐,发现问题及时处理。

4. 设备的密闭性应满足工艺和安全操作要求。

5. 带压设备的紧急泄压设施应完好有效。

6. 转动、传动、高低温的设备或部件应设有防护设施。

7. 所有分离设施、加热设施、压缩机、机泵、储罐、管道等必须采取有效的防雷接地保护措施,并定期检测。

● **生产场所安全要求**

1. 禁止吸烟。

2. 禁止携带火种和其他易燃易爆品进站。

3. 禁止使用手机。

4. 禁止随意挪动消防器材。

5. 禁止使用化纤拖把和抹布。

6. 禁止使用非防爆手电筒、应急灯和非防爆工具。

7. 禁止存放和使用汽油、香蕉水等易燃物质。

8. 禁止乱拉电线、私接用电设施、超负荷用电。

9. 未经许可禁止使用摄像机、照相机。

10. 保持发电机房、泵房、采暖间、阀室、仪表间、计量间等通风良好。

11. 进站车辆必须配戴符合规定的防火帽,拉运甲醇、凝析油、污水的罐车必须保证防静电接地可靠有效。

12. 禁止乱排废气、废水、废渣。

第二章 操作安全要求

一、天然气井口操作

1. 主要风险：泄漏、火灾、物体打击、中毒、高处坠落。

2. 控制措施：

（1）井口作业禁止一人独自操作。

（2）对井口设施进行定期检查和维护保养，发现问题及时处理并上报。

（3）开关阀门应站在阀门侧面，操作时管钳虎口向外，防止阀杆意外弹出，造成人员伤害。

（4）开关阀门应缓慢进行，若因冻堵、锈蚀等造成开关困难，应及时处理并上报。

（5）井口闸板阀必须全开全关，防止冲蚀导致密封不严。

（6）井口加注药剂流程切换操作，应遵循"先开后关"的原则。

（7）合理控制节流阀前后压差，防止严重节流形成水化物或冰堵。

（8）井口高处作业时应防止坠落。

（9）操作完成后，检查有无渗漏现象，并确认流程正确后方可离开。

二、加热炉操作

1. 主要风险：火灾、爆炸、灼烫、物体打击、高处坠落。

2. 控制措施：

（1）严格进行生产监控、巡检和维护，杜绝跑、冒、滴、漏,发现问题及时处理。

(2)若需进行燃气管线吹扫,操作人员不得正对吹扫口,防止气体刺伤。

(3)防爆门应开启灵活,任何人员不能正对防爆门。

(4)点火前,应确保燃气管线及阀门无泄漏、阻火器完好,并进行充分通风,确认炉膛内无余气。

(5)点火时,必须遵循"先点火,后开气"的原则,操作人员应站在点火孔侧面将火源伸入炉膛内,缓慢打开燃料气控制阀。

(6)如点火失败或因故停炉,再次点火前应进行充分通风,并确认炉膛内余气排净。

（7）日常停炉需对燃气管线放空，长期停炉时排尽炉体内的水，定期小火烘炉。

（8）检修、维修作业前，必须有效切断燃料气气源，设置安全警示标志，注意检查烟囱绷绳松紧程度是否符合要求。

（9）巡检时认真观察液位变化，必要时应及时补水，并注意防止坠落、灼烫。

三、分离操作

1. 主要风险：火灾、爆炸、中毒、高处坠落。
2. 控制措施：

（1）严格进行生产监控、巡检和维护，防止出现假液位，杜绝跑、冒、滴、漏，发现问题及时处理。

（2）进行手动排污，动作应缓慢，当听到有气流通过时，迅速关闭排污阀，防止天然气窜入污水储罐，造成天然气泄漏。

（3）分离器内部检修时，必须办理进入有限空间作业许可手续，落实安全措施，并且必须有人监护。

（4）在分离器顶部进行更换压力表、装卸安全阀等操作时，注意防止坠落。

（5）若需进行导压管吹扫，操作人员不得正对吹扫口，防止气体刺伤。

（6）分离器充压必须按要求缓慢进行。

四、脱水操作

1. 主要风险：火灾、爆炸、高处坠落、灼烫。

2. 控制措施：

（1）严格进行生产监控、巡检和维护，杜绝跑、冒、滴、漏，发现问题及时处理。

（2）更换脱水塔压力表、装卸安全阀等高处操作时，应使用安全带，并注意防止坠落。

（3）重沸器点火时必须遵循"先点火，后开气"的原则。

（4）操作人员应站在点火孔侧面将火源伸入炉膛内，缓慢打开燃料气控制阀。

（5）若点火失败，再次点火前应进行充分通风，并确认炉膛内余气排净。

（6）补加三甘醇等作业，注意防止缓冲罐、重沸器、三甘醇管线的高温灼烫。

（7）吸收塔充压必须按要求缓慢进行。

（8）进入吸收塔内部检修时，必须办理进入有限空间作业许可手续，落实安全措施，并且必须有人监护。

五、脱硫剂更换操作

1. 主要风险：中毒、爆炸、灼烫、高处坠落。

2. 控制措施：

（1）高处作业应使用安全带，并注意防止坠落。

（2）更换脱硫剂前，要确认进出脱硫塔的上下游阀门关闭，且无内漏，否则要加隔离盲板封堵；必要时通过脱硫塔顶部置换阀加水，整个拆卸过程实施湿式作业。

（3）必须确认放空压力为零且保持全开状态，才能打开装卸料口。

（4）在打开装卸料口时，卸下最后一颗螺栓前，要检查确认是否有余气，且操作人员不能正对装卸料口。

(5)在打开上、下装卸料口后,应注入一定量清水以防硫化亚铁自燃。

(6)按要求检查和填装脱硫剂,保证气流通畅。

(7)开上游阀升压验漏,按正常流程恢复供气。

六、增压机组操作

1.主要风险:机械伤害、爆炸、高处坠落、触电、灼烫、中毒。

2.控制措施:

(1)严格进行生产监控、巡检和维护,杜绝跑、冒、滴、漏,发现问题及时处理。

（2）机组盘车前必须拔下火花塞高压线，关闭启动气阀，并侧身操作盘车（不可站在飞轮旋转的切线方向）；飞轮处必须装设护罩，并保持护罩固定牢靠。

（3）开启启动气前，必须清理机身上的工具、杂物等，机组运行中操作人员不得上机身或进入冷却器作业。

（4）启动中不得反复开、关燃料气球阀，再次启动时间需间隔1分钟以上，防止消声器爆炸。

（5）运行中不得靠近或接触高压电缆以防止触电，不得接触压缩机排气系统中的缓冲罐、管路、管束箱及冷却系统循环水管路，防止烫伤。

（6）增压机组电气维修应由具备电气维修资质的人员进行，在配电室增压机组负荷开关处悬挂"有人作业、严禁操作"的警示牌，并且必须有人监护。

（7）在检修动力缸、压缩缸、曲轴箱、十字头等时，不得开启启动气阀、压缩机进气阀、排气阀，防止机组转动伤人。

（8）高处作业注意防止坠落。

（9）及时进行清洁、润滑、调整、紧固、防腐，发现问题及时处理。

七、储罐操作

1. 主要风险：火灾、爆炸、中毒、高处坠落。

2. 控制措施：

（1）定期检查保养呼吸阀，确保其畅通，防止造成储罐憋压。

（2）严格进行生产监控、巡检和维护，杜绝跑、冒、滴、漏，发现问题及时处理。

（3）甲醇、污水罐车应配备专用静电接地线，进入生产区域必须配戴防火帽。

（4）启动车载泵进行卸醇前，必须打开甲醇罐进口阀门，并确保呼吸阀畅通，否则将导致卸醇软管憋压泄漏，造成甲醇飞溅，对人员造成伤害。

（5）甲醇、污水装卸应平稳进行，避免甲醇、污水飞溅，对人员造成伤害。

（6）污水装车结束后，关闭量油孔，防止操作人员中毒。

八、注醇操作

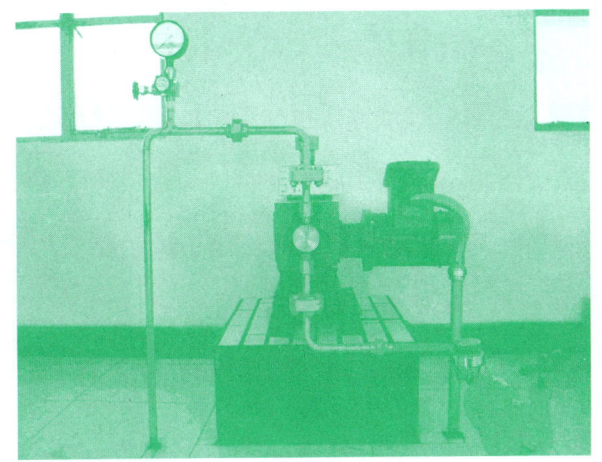

1.主要风险：火灾、爆炸、触电、机械伤害、中毒、噪声。

2.控制措施：

（1）严格进行生产监控、巡检和维护，杜绝跑、冒、滴、漏，发现问题及时处理。

（2）泵房内应保持通风良好。

（3）注醇泵电气维修应由具备电气维修资质的人员进行，在配电室注醇泵负荷开关处悬挂"有人作业、严禁操作"的警示牌,并且必须有人监护。

(4)注醇泵泵体维修,应佩戴护目眼镜、橡胶手套,防止中毒;若操作人员不慎将甲醇溅入眼睛,应及时用洗眼器清洗。

(5)启泵前按操作规程检查泵的各连接部位是否松动,进出口流程是否畅通(否则将造成憋压或设备故障),检查减速箱内机油液位是否满足要求,手动盘泵检查是否有影响运转的障碍。

(6)及时进行清洁、润滑、调整、紧固、防腐,发现问题及时处理。

九、天然气发电机操作

1.主要风险：火灾、爆炸、触电、机械伤害、中毒、噪声、灼烫。

2.控制措施：

（1）严格进行生产监控、巡检和维护，杜绝跑、冒、滴、漏，发现问题及时处理。

（2）发电机房应保持通风良好。

（3）启动前，必须清理机身上的工具、杂物等，并按操作规程进行检查。

（4）发电机维修前，应有效切断气源和用电负荷；对水箱内冷却水、排气系统和缸体进行充分冷却，防止意外烫伤。

（5）发电机电气维修应由具备电气维修资质的人员进行，并且必须有人监护。

（6）定期检查蓄电池使用状态；补充电解液时，若不慎将电解液溅入眼睛，应及时用清水进行清洗。

（7）及时进行清洁、润滑、调整、紧固、防腐，发现问题及时处理。

（8）在发电机运行中或没有冷却前不得给发电机

补加冷却液，否则易造成人员烫伤。

十、清管操作

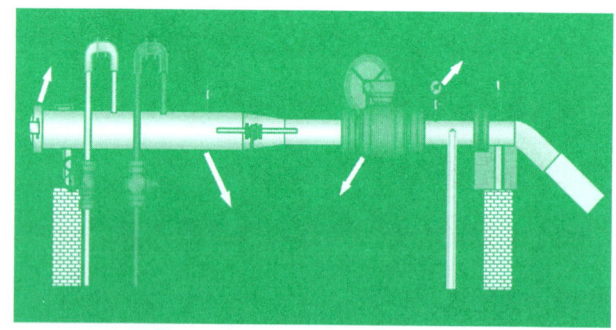

1. 主要风险：火灾、爆炸、中毒、物体打击。

2. 控制措施：

（1）严格进行生产监控、巡检和维护，杜绝跑、冒、滴、漏，发现问题及时处理。

（2）清管过程中应保持与上下游通信畅通。

（3）作业前仔细检查收发球装置、外输阀门及仪表，并进行验漏，确保可靠有效。

（4）发球作业应按清管方向放置清管器，合理控制清管器运行速度。

（5）清管器（球）尺寸要求有合理的过盈量，防止过小窜气或过大堵塞。

（6）打开盲板前，首先应将收发球筒（清管阀）内天然气压力放空泄压至表压为零；在打开盲板时，禁止正对盲板或站立在盲板支撑背面，防止天然气泄漏或盲板打出，造成人员伤害。

（7）打开盲板前应对收球筒进行注水，防止硫化亚铁自燃。

（8）放空作业必须点燃火炬，控制气流速度。

（9）合理控制清管时的压差，及时跟踪清管器(球)走向。

（10）清管产生的污物应及时妥善处理，防止硫化亚铁粉末自燃。

十一、更换压力表操作

1. 主要风险：物体打击。

2. 控制措施：

（1）选定经校验合格的压力表，工作压力应处于所选压力表量程 1/3~2/3 的范围，且所选压力表的适用介质必须与工作介质相一致。

（2）更换压力表前，应关闭取压阀门，打开压力表放空阀泄压至表压为零，否则将造成压力表打飞、人员意外伤害。

（3）装卸压力表应平稳操作。

（4）更换完成后，应缓慢开启取压阀，防止压力表飞出伤人。

（5）验漏合格后，做好更换记录后方可离开。

十二、用电操作

1. 主要风险：触电。

2. 控制措施：

（1）电源切换操作必须遵循"先断电，后送电"的原则。

（2）必须按规程操作空气开关和双头闸刀，否则将会造成电弧伤人。

（3）若变压器高压熔断器跌落，操作人员不得私自处理，需报告上级安排专业人员进行处理。

（4）操作过程中必须有人监护。

十三、清洗呼吸阀操作

1. 主要风险：中毒、高处坠落、物体打击。

2. 控制措施：

（1）拆卸污水罐呼吸阀前，必须在分离器和吸收塔手动排液后关闭排污阀，打开量油孔保持污水罐畅通。

（2）装卸呼吸阀必须有人监护，操作人员应站在上风侧，并做好相应防护措施，防止高处坠落。

（3）装卸呼吸阀时不能正对呼吸阀口，防止气体喷出伤人或中毒。

十四、清洗更换孔板操作

1. 主要风险：火灾、爆炸、机械伤害、物体打击、中毒。

2. 控制措施：

（1）开启放空阀前必须关闭平衡阀，操作人员不得正对放空口，应站在上风侧操作，防止中毒。

(2)拧松顶紧螺钉,取掉顶板、压板(密封垫片)前一定要确认是否将上腔室内气体放空完毕。

(3)卸出顶板螺钉时,应避免身体的任何部位正对顶板或压板。

(4)更换孔板过程必须有人监护。

十五、污水转输及回注操作

1.主要风险:触电、机械伤害、中毒。

2.控制措施:

(1)严格进行生产监控、巡检和维护,杜绝跑、冒、滴、漏,发现问题及时处理。

（2）严禁电动机断相运转。

（3）严禁在泵内无输送介质情况下启泵检查电动机转向。

（4）进入有限空间，必须进行作业许可，制定安全措施，并明确监护人，防止中毒。

十六、支干线阀室操作

1. 主要风险：中毒、爆炸、物体打击。

2. 控制措施：

（1）严格进行生产监控、巡检和维护，杜绝跑、冒、滴、漏，发现问题及时处理。

（2）操作前必须取得许可。

（3）阀室应充分通风并检测合格后，人员方可进入。

（4）操作过程中严禁正对阀杆，防止阀杆冲出伤人。

（5）在阀室内操作过程中，应有人监护，限制无关人员出入。

十七、火炬放空操作

1. 主要风险：火灾、爆炸、中毒、环境污染。

2. 控制措施：

（1）确认放空口周围无火种，无人畜。

（2）必须先点火，后放空。

（3）放空时要缓慢进行，控制放空速度，防止放空管发生振动或破裂。

（4）不能长时间大压差放空，防止管线发生冰堵、刺漏。

（5）当有两个以上放空口时，及时关闭位于低处的放空口，防止抽吸空气，发生燃烧或爆炸。

第三章　事故报告

事故发生后，事故现场有关人员应立即向上级报告，紧急情况要报警。对于受伤、中毒事故，应迅速组织人员抢救；对于天然气（甲醇）泄漏、火灾、爆炸、天然气超压事故，按相应应急预案进行处理。

1. 无论任何大小事故，都必须向上级进行报告。

2. 任何事故均应在第一时间以最快的方式报告。

3. 报告内容应包含以下信息：

（1）事故发生时间和地点。

（2）事故发生简单经过。

（3）事故原因的初步判断。

（4）人员伤亡情况。

（5）目前采取的措施。

报警电话：119 火警　120 急救　110 匪警

第四章 突发事件处理程序

任何突发事件的处理，抢险人员必须根据事件类别正确选用和佩戴个人防护用品、监测报警仪器，首先确保自身安全。如有人员伤害，第一时间应组织进行人员救治。

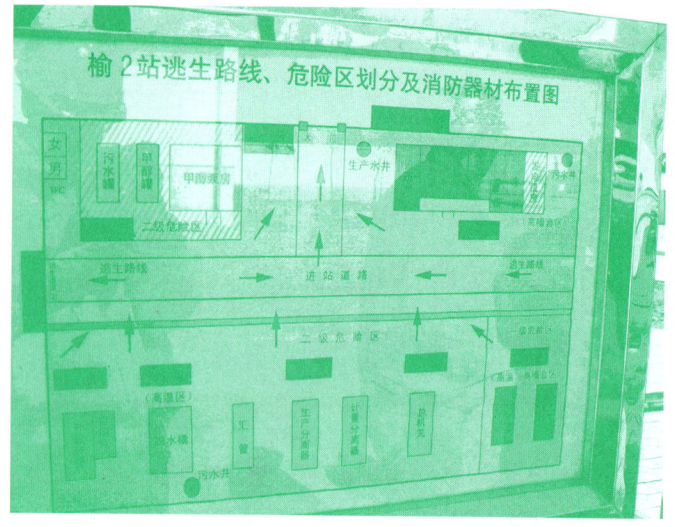

一、天然气泄漏应急处理程序

1. 迅速撤离人员。
2. 及时消除点火源。

3. 立即关闭上下游阀门，切断气源，并进行放空。

4. 根据泄漏量和现场风向等情况建立有效的隔离区域，禁止无关人员进入。

二、甲醇泄漏应急处理程序

1. 迅速撤离人员。

2. 立即切断泄漏源和点火源。

3. 在有效防护下，控制甲醇流动和扩散，防止进入地沟、排洪沟、水井等。

4. 根据泄漏量和现场风向等情况建立有效的隔离区域，禁止无关人员进入。

5. 对泄漏的甲醇和稀释后的废液用防爆泵转移至槽车或专用收集器内，进行后续处理。

三、天然气火灾、爆炸应急处理程序

1. 迅速撤离人员。

2. 在有效防护下，截断气源。

3. 打开放空系统进行泄压。

4.必要时，用水对着火点周围设备进行冷却。

5.在确保泄漏或泄漏的气体扩散能得到有效控制时，进行灭火。对于小火，可以立即用移动式灭火器扑救。

6.火势过大或设备、管线出现摇晃、变形、倾斜、发出异常响声等危险状态，应迅速撤离，扩大警戒区域，等待消防人员灭火。

四、甲醇火灾、爆炸应急处理程序

1.迅速撤离人员。

2.在有效防护下，切断泄漏源。

3.在有效防护下，采用封堵、围堤堵截等方式防止火焰蔓延。

4.在有效防护下，对火灾区域内容器进行冷却保护，及时泄压，并尽可能将容器从火场移至空旷处。对于小火，可以立即用移动式灭火器扑救。

5.处在火场中的容器若已变色或安全泄压装置发出声音，必须迅速撤离，扩大警戒区域，禁止无关人员进入，等待消防人员灭火。

五、电气火灾应急处理程序

1. 迅速撤离人员。

2. 迅速落实火灾地点及火灾大小，建立有效的隔离区域，禁止无关人员进入。

3. 迅速切断附近气源。

4. 迅速切断电源，如有必要从站外切断电源。

5. 对于小火，使用二氧化碳灭火器、干粉灭火器进行灭火。

6. 如火势不可控制，应扩大警戒区域，等待消防人员灭火。

六、天然气超压应急处理程序

1. 迅速打开最近的放空阀门泄压。

2. 切断上下游气源。

3. 发生泄漏、火灾、爆炸等事故则按相应处理程序进行处理。

七、人身伤害处理程序

● 触电的现场急救

1. 迅速切断电源,使触电者脱离带电体。

对于低压触电,立即关掉电源开关,断开墙上的插座,用不导电物(通常为非金属),如扫把、木棍或卷起的报纸将电线等从伤者身上挑开。

对于高压触电,立即断开高压隔离开关;不能及时断开的,应立即通知有关部门停电。

2. 应根据触电者的具体情况,迅速对症救护,并报警求救。如果出现心跳骤停,立即实施心肺复苏。

● 硫化氢中毒的现场急救

1. 迅速转移中毒者至空气新鲜处,松解衣扣和腰带,清除口腔异物,维持呼吸道通畅,并报警求救。

2. 有条件时应立即给予吸氧。对呼吸、心脏跳动突然停止的伤员立即进行心肺复苏。

3. 对有眼刺激症状者,立即用洗眼器清洗,就医。

● **烧伤的现场急救**

1. 眼睛烧伤：使伤侧脸部在下，健侧脸部朝上，水从患者鼻梁处向受伤眼一侧的脸颊部冲洗。水流不能过大。

2. 脸部烧伤：用脸盆盛满水，将脸部浸在水盆里清洗，或用湿毛巾捂在脸部冷敷15分钟。如出现水泡，注意不要弄破，湿毛巾要更换数次。

3. 其他部位烧伤：应将烧伤的创面处理干净，用大量的冷水冲洗，然后再用纱布包好，送医院治疗。

4. 衣服烧着：衣服烧着时，若脱衣服困难，立即躺倒，采取滚动方式，进行灭火；也可用干粉灭火器灭火（注意不要向对方的面部喷射）；或用毛毡、大衣裹紧其身体灭火，注意包裹时要从距离头部最近的地方开始包裹。

● **机械伤害的急救**

1. 骨折的急救。

固定断骨的材料可就地取材，如木棍、树枝、木板、硬纸板等都可作为固定材料，固定材料的长短要以能固定住骨折处上下两个关节或不使断骨错动为准。

脊柱骨折或颈部骨折时，除非是特殊情况如室内失火，否则应让伤者留在原地，等待专业医护人员处理。

抬运伤者，要多人同时缓慢用力平托；运送时必须用木板或硬材料，不能用布担架或绳床。

2.严重出血的急救。

一般伤口小的出血，先用生理盐水清洗伤口处，再用碘伏消毒，最后盖上消毒纱布，用绷带较紧地包扎。

严重出血时，应用压迫止血法。该法适用于头、颈、四肢动脉大血管出血的临时止血。即用手指或手掌用力压住伤口距心脏最近部位的动脉跳动处（止血点）。如果位置找准，这种方法能马上起到止血作用。

身体上通常有效的止血点主要有：上臂动脉，用4个手指掐住上臂的肌肉并压向臂骨；大腿动脉，用手掌的根部压住大腿中央稍微偏上点的内侧；桡骨动脉，用3个手指压住靠近大拇指根部的地方。

● **中暑急救**

立即将中暑人员从高温环境转移至阴凉通风处

休息。

　　用冷水擦浴、湿毛巾覆盖身体、电扇吹风或在头部放置冰袋等方法降温，并及时给病人口服淡盐水。中暑严重者送医院治疗。

第五章 应急设备

一、几种常见灭火器的使用方法

● 手提式干粉灭火器

手提式干粉灭火器适用于扑救各种易燃、可燃液体和易燃、可燃气体火灾,以及电气设备火灾。

除掉铅封,拔出保险销,左手握着喷管,右手提着压把,在距离火焰2米的地方,右手用力压下压把,左手拿着喷管左右摆动,喷嘴对准火焰根部,由近及远进行灭火。

● 推车式干粉灭火器

推车式干粉灭火器主要适用于扑救易燃液体、可燃气体和电气设备的初起火灾。

一般由两人操作。使用时

将灭火器迅速拉到或推到火场，在距离起火点10米处停下。右手抓着喷粉枪，左手顺势展开喷粉胶管，直至平直，不能弯折或打圈。除掉铅封，拔出保险销，用手掌使劲按下供气阀门，左手持喷粉枪管托，右手把持枪把，用手指扣动喷粉开关，对准火焰喷射，不断靠前左右摆动喷粉枪，把干粉笼罩在燃烧区，直至把火扑灭为止。

- **鸭嘴式二氧化碳灭火器**

鸭嘴式二氧化碳灭火器主要适用于扑救各种易燃、可燃液体、可燃气体火灾，还可扑救仪器仪表、图书档案和低压电气设备等初起火灾。

用右手握着压把，将灭火器提到起火地点，除掉铅封，拔掉保险销，站在距火源2米的地方，左手拿着喇叭筒，右手用力压下压把，对着火源根部喷射，并不断推前，直至把火焰扑灭。

注意：使用以上灭火器均应站在着火点上风侧，使用后的灭火器应立即撤离现场。

二、几种应急救援设备的使用方法

● 正压自给式空气呼吸器

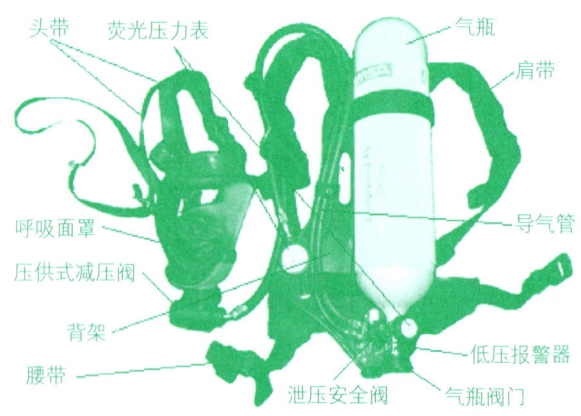

标注:头带、荧光压力表、气瓶、肩带、呼吸面罩、导气管、压供式减压阀、背架、腰带、泄压安全阀、气瓶阀门、低压报警器

1. 气瓶连接。

对气瓶固定带进行调节,使气瓶能牢固连接在背架上。检查气瓶高压减压阀与气瓶的连接是否牢固无泄漏。

2. 泄漏实验。

按下压供式减压阀的红色按钮。打开气瓶高压减压阀手轮至少2圈,以防止在使用过程中气瓶阀门意外关闭。阅读压力表:300巴(30兆帕)的气瓶压力示值应不小于270巴。关闭气瓶高压减压阀。呼吸系统压力的下降值在 1 分钟内应不大于 10 巴为正常。

3.报警器检查。

打开气瓶高压减压阀，待系统充满压力后，关闭气瓶高压减压阀，按下压供式减压阀的红色按钮，观察压力表，在压力为 55 巴左右时，报警器开始报警。

4.空气呼吸器的佩戴与使用。

（1）放长肩带，把呼吸器背在背部，高压减压阀应向下，收紧肩带，直至背架与背部完全吻合舒适为止。

（2）扣上腰带插口，腰带插口凸面朝身体一面，拉紧腰带。

（3）将呼吸面罩挂在颈部，双手拉开头带，把呼吸面罩套在下颌上。再把头带拉向脑后，扶平头带，依次收紧头带（颈部、两侧、前额）。

（4）用手掌封住呼吸面罩供气口并深呼吸，使用者应感觉呼吸面罩贴向面部，两颊应略微向内陷，表示气密性良好。

（5）将压供式减压阀连接到呼吸面罩上（对准、旋转），听到"咔嚓"声，同时快速接口的两侧卡口同时复位,则表示已正确连接,猛吸一口气,供气阀被打开,此时即可正常呼吸。

(6)操作中随时观察压力表,当发现压力降至55巴左右或报警哨声响起时,操作人员应立即返回到安全区域更换备用气瓶。

● **紧急供氧装置**

1. 检查减压阀和气瓶连接密闭性,用气密软管将气囊与减压器连接。

2. 将插管插入中毒人员嘴里靠近嘴唇的部位(因为当只用一只手将面罩扣在中毒人员面部时,中毒人员的嘴有可能会闭上)。然后将插管在嘴里翻转,使凹下的部分顶住舌头,保持插入部分处于牙关之间并使插管的突出部分触到嘴唇。

3.选择与中毒人员脸型相配的适当型号的面罩，将气囊与面罩相连。

4.清洁口腔，使中毒人员头部后仰以打开其上呼吸道。全部打开氧气瓶瓶阀，打开流量调节器，根据所要调节氧气供应量。抓住气囊并将面罩紧紧扣于中毒人员面部，使顶部贴于鼻梁而进气口靠近嘴部，以保证气密性。

5.通常先输入纯氧。过一段时间之后，输入高氧气含量的空气。

6.若需要停止供气，需先关闭气瓶阀，当流量表指针归零后关闭流量调节器。

注意：使用者不得使用油性物质对该装备的任何部件进行操作或用油腻的手触摸减压阀，因为一旦氧气接触到油性物质就有可能发生爆炸。

● **避火服（或隔热服）**

1.取出避火服（或隔热服），检查其是否完好无损。

2.拉开背部的拉链。先将腿伸进连体衣，然后伸进手臂,最后戴上头罩。拉上拉链,并将按扣按好。

3.穿上安全靴,根据需要调节好鞋带。必须确认裤腿完全覆盖住安全靴的靴筒。

4.戴上手套。

5.用完后,依照相反的顺序脱下避火服(隔热服)。

● **自吸便携式可燃气体检测仪**

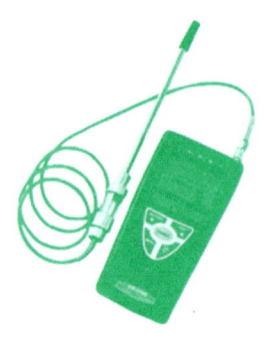

1.检测电池电压,判断电压能否满足使用要求。若不能满足要求,按说明书关于电池型号、规格、极性的要求安装或更换电池。安装或更换电池,需在非易燃易爆场所进行。

2.零调节必须在新鲜空气中进行。

3.测量。

(1)将吸引管或吸盘靠近所要检测地点进行测量。使用过程中注意不可吸入液体,检测时观察吸引管过滤器，如果发现进入液体，马上关机，停止使用。

（2）检测到气体时，指针或数字稳定下来后，显示值即气体浓度。

（3）检测环境灰尘较大或长时间使用时，需及时更换过滤片或过滤棉，以免影响机器寿命。

（4）检测结束后，必须在非易燃易爆场所继续开机 1~3 分钟，直至显示值归零后方可关闭电源。

附录一 危险化学物品安全资料

一、天然气（干气）

【理化特性】

常温常压下为无色气体，主要成分为甲烷，含少量乙烷，不含或很少含丙烷以上烃类组分，脱硫前天然气中含有一定浓度的硫化氢。相对密度约为 0.60。

【燃烧与爆炸危险性】

易燃，与空气混合能形成爆炸物性混合物，遇明火、高温有燃烧爆炸危险。与空气的混合物爆炸极限为 5%~14%。

【毒性】

甲烷对人基本无毒，但浓度过高时，空气中氧含量明显降低，使人窒息。

【侵入途径】

吸入。

【中毒表现】

长期接触一定浓度的天然气，可造成头晕、头痛、失眠、记忆力减退、食欲不振、无力等神经衰弱症；接触高浓度的天然气，可引起缺氧窒息、昏迷、呼吸困难以至脑水肿、肺水肿等严重并发症。

【急救措施】

将吸入中毒者立即脱离现场至空气新鲜处，保持呼吸道畅通；如呼吸困难，给输氧；如果呼吸停止，进行人工呼吸，并立即就医。

【灭火方法】

切断气源。若不能切断气源，则不允许熄灭泄漏处的火焰。喷水冷却容器，可能的话将容器从火场移至空旷处。灭火剂：雾状水、泡沫、二氧化碳、干粉。

【泄漏应急处置】

根据气体的影响区域划定警戒区，无关人员从侧风、上风向撤离至安全区。消除所有点火源。应急人员应佩戴正压自给式呼吸器，穿防静电服。如果脱硫前的干气发生泄漏，应急人员应穿内置正压自给式呼吸器的全封闭防化服。使用防爆等级达到要求的通信工具。采取关闭阀门或堵漏等措施切断气源，并用雾状水保护抢救人员。

二、硫化氢

【理化特性】

硫化氢为无色气体,在低浓度时具有臭鸡蛋气味,在高浓度时由于嗅觉迅速麻痹而无法闻到臭鸡蛋气味。比空气重,易溶于水,溶于醇类、石油溶剂和原油。

【燃烧与爆炸危险性】

易燃,与空气混合能形成爆炸性混合物,遇明火、高温能引起燃烧爆炸。能在较低处扩散到相当远的地方,遇火源会着火回燃。与空气的混合物爆炸极限为4.3%~46.0%。

【毒性】

硫化氢是一种神经毒剂,也是窒息性和刺激性气体。主要作用于中枢神经系统和呼吸系统,亦可造成心脏等多个器官损害,对其作用最敏感的部位是脑和粘膜。

【侵入途径】

接触硫化氢的主要途径是吸入,硫化氢经粘膜吸收快,皮肤吸收甚少。

【中毒表现】

长期接触低浓度的硫化氢，可引起神经衰弱综合征和植物神经功能紊乱等。

接触较高浓度硫化氢，常先出现眼和上呼吸道刺激，随后出现头痛、头晕、乏力等症状，并发生轻度意识障碍。

接触高浓度硫化氢，出现头痛、头晕、易激动、步态蹒跚、烦躁、意识模糊、谵妄、癫痫样抽搐，可呈全身性强直阵挛发作等；可突然发生昏迷，也可发生呼吸困难或呼吸停止后心跳停止。

接触极高浓度硫化氢后可发生电击样死亡，即在接触后数秒或数分钟内呼吸骤停，数分钟后可发生心跳停止。

【急救措施】

迅速把中毒者移至空气新鲜处，松解衣扣和腰带，清除口腔异物，维持呼吸道通畅，对呼吸、心脏跳动突然停止的伤员立即进行心肺复苏。

1. 心脏复苏术（心脏停止跳动后的抢救方法称为

复苏术）。在现场抢救中可应用心前区叩击术和胸外心脏挤压术。

（1）心前区叩击术。发现心脏停止跳动后，立即用拳头叩击心前区（拳击的力量不要太猛），可连续叩击3~5次，然后观察心脏是否起搏。若心跳恢复，则表示成功；心脏不起跳，应该改用胸外心脏挤压术。

（2）胸外心脏挤压术。使患者仰卧在硬板或平地上，操作者跪于患者身旁，用一只手的掌根置于患者胸骨的上2/3与下1/3交界处，手指不接触胸壁，另一只手置于前一只手的手背上，以加强压力。按压时两肘伸直，垂直按压后立即放松，凭借救护人员体重力量，传到臂、手掌，要用力适度、有节奏、带冲击性地挤压（勿使手掌抬起，避免再压时呈拍击状而分散挤压力量），使胸骨下陷4~5厘米，按压频率成人为60~80次/分钟。

按压时间和松开时间必须相等，按压间歇不再使胸部受压，便于心脏充盈。

注意：按压部位必须正确，不要按压剑突及肋骨，

以免骨折、气胸；用力适当，应足以引起股动脉搏动，但又不要过猛；在进行胸外心脏挤压时，必须密切配合进行口对口的人工呼吸。如1人急救，每挤压心脏7~8次，人工呼吸1次；若两人急救，每挤压心脏5次，人工呼吸1次，操作者要密切配合，操作正规，压力均匀。

2. 呼吸复苏术。

（1）疏通气道。使中毒者头部后仰，抬高下颌角，使下齿槽向上向前移动，除去口腔内异物，使气体容易出入。

（2）口对口呼吸。进行口对口人工呼吸，在短时间内可维持肺功能正常者的生命，防止缺氧，但

救护者应注意避免直接吸入患者呼出的硫化氢气体，以防止二次中毒。

方法：病人仰卧，面部敷以两层纱布或一层手帕，急救者一手托起病人下颌使头后仰，口张开，另一手捏紧病人鼻孔，以防止气体由鼻孔逸出。急救者深吸一口气，紧贴病人口部用力吹入，然后立即松开病人鼻孔，以使其胸部和肺自行回缩将气体排出，反复进行，每分钟12次。

（3）手法人工呼吸。每分钟以16~20次为宜。

仰卧压胸法。患者仰卧位，背部稍加垫，急救者骑跨在病人髋部两侧，双手五指伸开，拇指向内放在胸廓下部，其余四指向外放在胸廓肋骨上，前臂伸直向下，稍向前推压，形成呼气，然后放开双手，利用胸廓弹性恢复原状形成吸气。如此反复进行。此法便于观察病人面部表情变化，气体交换量亦接近正常。但必须将舌头拉出，避免舌体后坠阻塞呼吸，伴有胸外伤不宜用此法。

效果判断：正确吹气后，病人胸部应略有隆起，无反应，则检查呼吸道是否畅通，气道是否打开，鼻孔是否捏住，口唇是否包严，以及吹气量是否足够；有效心脏按压，能触到颈动脉搏动。经过长时间有效的按压，可见到患者脸色红润，瞳孔逐渐缩小。

现场急救注意事项：

1. 在转移中毒人员的过程中要沉着、冷静、迅速，不要强拖硬拉，防止造成骨折。如已有骨折或外伤，则要注意包扎和固定。

2. 中毒后应立即实施现场急救，急救过程中要注意中毒人员的保暖。

【灭火方法】

迅速切断气源。若不能立即切断气源，则不允许熄灭泄漏处的火焰。抢险人员须佩戴正压自给式空气呼吸器，穿防火防毒服，在上风向灭火。喷水冷却容器。如果引燃了周围物质，应根据着火物质性质选用适当的灭火剂灭火。

【泄漏应急处置】

根据毒气的影响区域划定警戒区，无关人员从侧风、上风撤离至安全区。消除所有点火源。应急人员应佩戴正压自给式空气呼吸器。使用防爆等级达到要求的通信工具。采取关闭阀门或堵漏等措施切断气源,并用雾状水保护抢险人员。防止气体通过下水道、通风系统和密闭性空间扩散。喷雾状水溶解、稀释泄漏气体,同时注意收集、处理产生的废水。可考虑引燃漏出气以减少有毒气体扩散。

三、甲醇

【理化特性】

甲醇是一种无色、透明、易燃、易挥发的有毒液体,略有酒精气味。比水轻,能与水、乙醇、乙醚、苯、酮、卤代烃和许多其他有机溶剂相混溶,遇热、明火或氧化剂易燃烧。

【燃烧与爆炸危险性】

易燃,其蒸气与空气可形成爆炸性混合物。遇明火、高热能引起燃烧、爆炸。与氧化剂接触发生化学反应或引起燃烧。在火场中,受热的容器有爆炸危险。

其蒸气比空气重，能在较低处扩散到相当远的地方，遇明火会引着回燃。蒸气与空气的混合物爆炸极限为5.5%~44%。

【毒性】

对呼吸道及胃肠道粘膜有刺激作用。对血管神经有毒副作用，引起血管痉挛，形成淤血或出血；对中枢神经系统有麻醉作用；对视神经和视网膜有特殊选择作用，使视网膜因缺乏营养而坏死。

【侵入途径】

吸入、食入、经皮肤吸收。

【中毒表现】

急性中毒：短时大量吸入可出现轻度眼及上呼吸道刺激症状（口服有胃肠道刺激症状）。经一段时间潜伏期后出现头痛、头晕、乏力、眩晕、酒醉感、意识朦胧、谵妄，甚至昏迷。视神经及视网膜病变，出现视觉模糊、复视等，重者失明。

慢性影响：神经衰弱综合征、植物神经功能失调、粘膜刺激、视力减退等。皮肤出现脱脂、皮炎等。

【急救措施】

皮肤接触：脱去被污染的衣着，用肥皂水和清水彻底冲洗皮肤。

眼睛接触：提起眼睑，用流动清水或生理盐水冲洗。就医。

吸入：迅速脱离现场至空气新鲜处。保持呼吸道通畅。如呼吸困难，给输氧。如停止呼吸，立即进行人工呼吸。就医。

食入：饮足量温水，催吐，用清水或1%硫代硫酸钠溶液洗胃。就医。

【灭火方法】

尽可能将容器从火场移至空旷处。喷水保持火场容器冷却，直至灭火结束。处在火场中的容器若已变色或从安全泄压装置中产生声音，必须马上撤离。

灭火剂：抗溶性泡沫、干粉、二氧化碳、沙土。

【泄漏应急处置】

迅速撤离泄漏污染区人员至安全区，并进行隔离，严格限制出入。切断泄漏源。建议应急处理人员佩戴正压自给式空气呼吸器，穿防静电消防防护服。不要直接接触泄漏物。尽可能切断泄漏源，防止进入地沟、排洪沟等限制性空间。对于小量泄漏，用沙土或其他不燃材料吸附或吸收，也可以用水稀释；对于大量泄漏，构筑围堤或挖坑收容，并用泡沫、沙土覆盖，降低蒸气灾害。

四、一氧化碳

【理化特性】

无色、无臭气体。比空气稍轻，微溶于水，溶于乙醇、苯等有机溶剂。

【燃烧与爆炸危险性】

一氧化碳是极易燃烧的气体，与空气混合形成爆炸性混合气体，遇明火可发生爆炸。与空气混合物爆炸极限为 12.5%~74.2%。

【毒性】

一氧化碳经呼吸道吸入，进入血液后立即与红细胞内的血红蛋白结合形成碳氧血红蛋白，使血红蛋白的携氧能力下降，导致低氧血症，造成组织缺氧。

【侵入途径】

吸入。

【中毒表现】

轻度中毒：出现头痛、头晕、耳鸣、心悸、恶心、呕吐、全身无力。

中度中毒：除上述症状外，还有面色潮红、口唇呈樱桃红色、脉搏加快、烦躁、步态不稳、意识模糊。

重度中毒：昏迷不醒、瞳孔缩小、肌张力增加、频繁抽搐、大小便失禁。

深度中毒：可致死亡。

慢性影响：长期反复吸入一氧化碳可致神经系统和心血管系统损害。

【急救措施】

发生急性中毒后，应迅速将中毒者移至空气新鲜处，松解衣扣和腰带，清除口腔异物，保持呼吸道通畅，注意保暖，有条件时应立即给予吸氧。对呼吸、心脏跳动突然停止者立即进行人工呼吸和心脏按压术，并报警求救。

【灭火方法】

灭火方法：雾状水、泡沫、二氧化碳、干粉、沙土。

【泄露应急处置】

加强局部排风和全面通风，空气中浓度超标时，必须佩戴防护面具。紧急事态抢救或逃生时，应佩戴正压自给式空气呼吸器。

五、氮气

【理化特性】

常温常压下为无色、无臭的气体。微溶于水和乙醇，比空气稍轻。

【燃烧与爆炸危险性】

不燃，若遇高热，容器内压增大，有开裂和爆炸的危险。

【毒性】

常压下氮气无毒。当作业环境中氮气浓度增高、氧气相对减少时，引起单纯性窒息。

【侵入途径】

吸入。

【中毒表现】

吸入氮气浓度不太高时,患者最初感到胸闷、气短、疲软无力,继而有烦躁不安、极度兴奋、乱跑、叫喊、神情恍惚、步态不稳,称之为"氮酩酊",可进入昏睡或昏迷状态。吸入高浓度氮气时,患者可迅速出现昏迷、呼吸心跳停止而致死亡。皮肤接触液态氮可引起严重冻伤。

【急救措施】

迅速将病人移离至空气新鲜处。若设备密闭或出口太小,一时难以救出时,应迅速向设备内输送空气。紧急给予吸氧,包括人工呼吸机的应用,有条件时,立即送高压氧仓治疗。如呼吸心跳停止,立即进行人工呼吸和胸外心脏按压术。就医。

【灭火方法】

本品不燃,用雾状水保持火场中容器冷却。

【泄漏应急处置】

迅速撤离泄漏污染区人员至上风处，并进行隔离，严格限制出入。应急人员应戴正压自给式呼吸器，液氮泄漏时穿防寒服。采取关闭阀门或堵漏等措施切断气源，合理通风，加速扩散。

附录二 常见"三违"行为

一、违章指挥

1. 违反操作规程,指使操作人员违章操作的。

2. 在严禁单独作业场所安排操作人员单独作业的。

3. 临时安排或指挥无证人员从事特殊工种作业的。

4. 未办理《工业动火作业计划书》、《进入有限空间作业许可证(票)》、《临时用电票》等审批手续,擅自组织进行工业动火、进入有限空间等特殊作业的。

5. 超越作业票审批范围,随意越权组织施工的。

6. 在不符合安全条件下,强令冒险作业的。

7.违反交叉作业管理规定指挥或安排施工作业的。

8.施工作业中,未执行施工方案,随意变更施工要求的。

危害:任何违反 HSE 规章制度的行为,都将可能造成人员伤害或财产损失。

整改建议:各级管理人员必须遵守、监督和落实各项 HSE 管理规定、制度。

二、违章操作

1.装卸甲醇、含醇污水车辆未接地。

危害:装卸甲醇、含醇污水时甲醇与管壁发生摩擦可能产生静电火花,引发火灾、爆炸事故。

整改建议:装卸甲醇、污水车辆要连接好罐车接地线，并确保接地良好。

2. 操作阀门时，人体正对阀门。

危害：正对阀门开关操作，可能由于阀门丝杆衬套老化、断裂，导致丝杆及手轮弹出，使人员受伤。

整改建议：开关阀门时应站在阀门侧面。

3. 阀门开关操作管钳（F扳手）开口朝内。

危害：阀门开关操作，如管钳（F扳手）开口朝内，可能由于阀门丝杆衬套老化、断裂，导致丝杆及手轮弹出，可能造成人员伤害。

整改建议：阀门开关操作管钳（F扳手）开口朝外。

4. 加热炉点火时先开气，后点火。

危害：先开气后点火，可能因炉膛天然气聚集，易造成回火伤人或闪爆。

整改建议：严格遵守加热炉点火操作规程，必须做到"先点火，后开气"。

5. 放空未点火炬。

危害：放空未点火炬，会使天然气扩散在空气中，可能发生火灾、爆炸、中毒和环境污染。

整改建议：放空应点火炬。

6. 切换工艺流程时，先关后开阀门。

危害：易造成憋压事故。

整改建议：必须遵循"先开后关"的原则。

7. 检修时阀门未完全截断。

危害：检修时阀门未完全截断，可能使天然气窜入检修区域，导致容器超压、人员中毒、窒息、火灾和爆炸。

整改建议：检修时应完全截断阀门。

8. 攀爬、登高作业未采取防护措施或上下台阶不扶扶手。

危害：易导致滑跌等人身伤害。

整改建议：加强个人防护措施，上下台阶使用扶手。

9. 加热炉二次点炉失败，不吹扫或自然通风连续点火。

危害：易造成爆炸事故。

整改建议：加热炉二次点火失败，必须风机吹扫或进行充分的自然通风后再点炉。

10.在易燃易爆区使用铁制工具进行开、关阀门,拆卸螺栓、法兰等作业。

危害:易产生火花,如遇可燃介质泄漏,易导致火灾、爆炸等事故。

整改建议:在易燃易爆场所要用防爆工具作业,并设置醒目安全标识。

11.在检修或动火作业时,使用铁皮、石棉板等代替盲板。

危害:铁皮、石棉板耐压能力达不到要求,易击穿,造成火灾、爆炸、中毒等事故。

整改建议:应按照管道内介质性质、压力、温度,设计、选用合适的材料做盲板。

12.可燃性气体微漏不处理。

危害:发生火灾、爆炸事故。

整改建议:发现漏点要在泄漏点处挂上明显标识,并及时联系处理。

13.取样时未站在上风向。

危害:取样作业时如接触有毒有害气体,站在下风向易造成取样人员中毒。

整改建议：确保站在上风向操作。

14.进入设备作业前无应急预案或进入设备内作业超出规定时间。

危害：易造成人身伤害等意外事故发生。

整改建议：制定应急预案，并严格按照作业时间施工。

15.在天然气生产区域内使用非防爆通信工具。

危害：通话中产生电火花，易引发火灾或爆炸事故。

整改建议：设立警示标识，进入生产区域应关闭非防爆通信工具。

16.在设备运行时清扫、擦拭、润滑转动部分或带压拆卸设备。

危害：易造成人身伤害。

整改建议：在停机状态下方可进行设备检修。

17.进入含有硫化氢的场所作业时，不使用硫化氢报警仪进行实时监控。

危害：由于对作业现场有毒气体的状态不明，容易中毒。

整改建议：严格要求，进入现场前检查配戴情况。

18. 空气开关跳闸后，不分析跳闸原因直接合闸。

危害：如短路引起空气开关跳闸，强行合闸，易发生相间短路，引起电气火灾。

整改建议：空气开关跳闸后，由专业电工分析原因，整改后再合闸。

19. 冬季下雪后，台阶积雪未清扫便上台阶作业。

危害：易造成人员滑倒、跌落伤害。

整改建议：应将台阶上的积雪清扫并采取防滑措施后，再上台阶作业。

20. 可燃气体报警器发出报警时，不查明原因，就切断报警器电源。

危害：易造成天然气泄漏不能及时发现而导致火灾、爆炸事故。

整改建议：可燃气体报警器发出报警时，应到现场检查确认，查明原因，及时采取处理措施并汇报。如果是误报，应消音并恢复到原状态。

21. 处理冻堵管线用火烧。

危害：易造成管线憋爆误伤人或引起火灾。

整改建议：使用蒸汽、热水解冻或电解堵等其他解堵方法。

22. 对水套炉巡检时，正对火嘴观察燃烧情况。

危害：爆燃时易伤人。

整改建议：不能正对火嘴观察，应从观察孔进行观察。

23. 污水处理设施在进行放空、取样、维修作业时，未进行通风检测。

危害：易造成硫化氢中毒。

整改建议：必须先通风检测后，再进行作业。

24. 擅自移动、使用消防锹、消防沙等消防器材。

危害：发生火灾时不能及时处理。

整改建议：禁止擅自移动、使用消防工具及设施。

25. 清洁、保养正在运行的机泵。

危害：容易被运行的机泵伤害。

整改建议：必须停机后保养、维护。

26. 用汽油、轻质油、石油醚清洗衣物、擦拭设备、清洁地面。

危害：摩擦产生静电，易出现火灾事故。

整改建议：用洗油剂、洗油棒清洗衣物、擦拭设备、清洁地面。

27. 非电工操作、维修电气设备。

危害：易出现错误操作，造成触电伤人、电气火灾事故。

整改建议：严禁非专业人员操作电气设备。

28. 在压力容器装置运行期间带压作业。

危害：易造成人身伤害。

整改建议：在压力容器装置运行期间，严禁带压维护、保养阀门和其他作业。

29. 未完全泄放收球筒压力就打开盲板进行收球。

危害：易造成人身伤害。

整改建议：应确认收球筒压力表显示压力为零后，方可打开盲板进行收球。

30. 在收发球作业时，操作人员正对着收球筒打开快装盲板。

危害：易造成人身伤害。

整改建议：应站在收球筒的无转轴一侧打开快装盲板。

31. 启泵前，不对泵做全面检查。

危害：易造成机泵损坏或人身伤害。

整改建议：严格按照泵操作规程操作。

32. 用手掌触摸电机检查温度。

危害：易发生电击伤人事故。

整改建议：在电机上安装温度计，必要时手背感应温度。

33. 在电动阀开关运行没有完成时操作人员离开。

危害：易造成开关不到位而引发安全事故。

整改建议：在电动阀开关运行完成后，操作人员才能离开。

34. 检查灭火器时不检查压力。

危害：低于标准压力，灭火器不能正常使用。

整改建议：定期对灭火器进行全面检查。

35.不对周围环境进行检查确认,就对可燃气体进行放空。

危害:易发生火灾、爆炸等事故。

整改建议:放空前检查确认现场环境。

36.易燃气体、液体取样时不对自身做消除静电处理。

危害:静电易导致火灾、爆炸等事故。

整改建议:取样前应严格做好消除静电处理。

37.点炉时站在点火孔正面。

危害:易发生烧伤事故。

整改建议:应站在点火孔侧面点火。

38.用拖布清理地面油污。

危害:油污面积扩大,易导致人员滑跌。

整改建议:不许用拖布打扫地面油污。

39.随意扔、倒或排放易燃易爆、有毒有害废弃物。

危害:易引发火灾、爆炸等人身伤害事故。

整改建议:执行防火、防爆规定。

40.发现"三违"行为不及时制止。

危害：易造成生产事故和人身伤害。

整改建议：加强责任心教育。

三、违反劳动纪律

1. 着装不合格上岗。

要求：按规定穿防静电劳保服、劳保鞋、戴安全帽、穿警示服。

危害：若不按规定穿着防静电服、防静电工鞋，在天然气生产区域操作时，可能产生静电火花而引发火灾。化纤衣服在事故状态下会对烧伤者造成更加严重的损害。不按规定戴安全帽和穿劳保鞋，会对操作人员的头部和足部造成不必要的伤害。不穿警示服，不利于事故状态下对操作人员的搜救。

2. 岗位上睡觉。

要求：禁止在岗位上睡觉。

危害：若在岗位上睡觉，岗位上发生的异常现象就不能被及时发现和处理，导致意外事件的发生。

3. 岗位人员脱岗。

要求：禁止岗位人员离开岗位。

危害：若岗位人员脱岗，无人值守、无人管理，岗位出现的异常就不能被及时发现和处理而导致意外事件的发生。

4.未按规定巡检。

要求：操作人员应按规定的时间、路线对要求巡检的部位进行岗位巡检。

危害：若操作人员未按规定进行巡检，现场发生的异常和隐患就不能被及时发现和处理，导致意外事件的发生。

附录三　典型事故案例

案例一　室内窜入天然气 吸烟引爆伤人

● **事故经过**

1966年1月17日22时，某调度室大班调度员胥某从现场检查回来进调度室，闻到天然气味，当即与值班员王某对室内天然气管线和闸门进行检查（该室为蒸汽取暖，另装有天然气取暖装置作为备用），随后将室内闸门关紧，并将室外气源截断阀关闭，同时将房门和窗户打开。此时尚有值班车司机4人在室内休息，胥某对他们说："室内有天然气味，可不能抽烟。"说完回宿舍休息。至次日凌晨3时5分，值班车司机庞某抽烟划火，顿时发生强烈爆炸并引起火灾。

● **事故分析**

1.经现场调查，室外西墙2.6米处，埋入地下的天然气管线因焊口断裂8毫米（当时气温在-35℃以下），天然气随进室内的蒸汽管线松土缝隙窜入室内，扩散接触明火而引起爆炸。

2. 对隐患漏洞不能及时发现和处理，存在麻痹大意和盲目乐观情绪，思想上不重视。

案例二　临危措施不当　除尘器管线爆炸

● **事故经过**

1998年7月，某采取干气输送的大型输气站，站内输气干线出站绝缘法兰天然气渗漏。7月16日，该单位组织进行绝缘法兰更换整改。恢复生产时，采取天然气直接置换空气，20分钟约进天然气9000立方米后，关闭放空阀开始升压。升压过程中发现管线发热，分析判断是管线内硫化亚铁发生自燃，采取了对管线喷浇水的物理降温方式，继续进行升压。1小时后管线压力升至2.6兆帕，当开启进站球阀对站场进行升压时，发生了强烈的爆炸。爆炸使汇管、管式除尘器及工艺管道发生破坏，同时造成3人死亡，1

人重伤，4人轻伤。

● **事故分析**

1. 干线停产放空完成后，管线两端放空阀长时间开启。由于管线两端放空点存在高差，产生了抽空现象，致使大量空气进入管线，导致管线内硫化亚铁发生自燃。

2. 管线上游进气端现场操作人员未能果断采取紧急截断气源、停止升压措施，下游也未采取紧急放空措施。

3. 直接用天然气置换空气，使天然气与管线内进入的空气混合后达到爆炸极限，遇明火发生爆炸。

案例三 违章进行地面管线解堵天然气泄漏

● **事故经过**

1999年4月，某作业区几名员工对某天然气井地面管线进行解堵作业。关闭井口阀门后，打开地面管线放空。泄压结束后，在现场等到中午，管线仍未解通，即回驻地吃饭。下午 2 时，当地村民报告井口天然气泄漏。

● **事故分析**

1. 人员撤离前未关闭井口阀门，也未安排值守人员。

2. 不遵守操作规程，未关闭进站阀门。

3. 管线内的水化物化解后，站内天然气倒流至井口，造成天然气泄漏。

案例四　管线埋深不够　村民挖烂管线

● **事故经过**

2006 年 7 月 4 日，某村民在自家承包地挖田埂边沟时，不慎将一天然气井注醇管线挖破 1.5 厘米，管线内甲醇、缓蚀剂刺漏，造成该村民右腿、左膝、右手受伤。

● **事故分析**

未栽设管线标志桩，管线埋深不够。

案例五 高压窜低压 设备爆炸

● **事故经过**

1987年3月22日,英国格兰厅茂司的一座生产装置开工中,用两个串联阀门将15兆帕的气体从高压分离器送入1.5兆帕的低压分离器进行循环,人为操作全开阀门,使低压分离器超压运行,安全阀起跳,气体释放不及,低压分离器发生爆炸。

● **事故分析**

违反操作规程,使高压气体窜入低压设备。

案例六 违章动火 甲醇计量槽爆炸

● **事故经过**

2002年3月18日,某厂对1号甲醇计号量槽进行抢修。上午10时许,在对1号甲醇计量槽做了排空、水洗、置换处理后,电焊工用气割切割其上方连通的2号甲醇计量槽的放空管时,2号空甲醇计量槽突然发生爆炸。

● **事故分析**

用于隔断2号甲醇计量槽与放空管的盲板不合格,致使2号甲醇计量槽内甲醇蒸气遇明火发生闪爆。

案例七 个体防护措施不当 硫化氢中毒死亡

● **事故经过**

1999年8月7日,某厂加氢裂化车间硫化氢泄漏,一员工巡检时被熏倒。班长发现后,立即配戴防毒面具去施救,导致2人死亡。

● **事故分析**

施救人员防护用具选用不当,佩戴的防毒面具不能有效滤除(隔离)硫化氢。

案例八 违章作业 硫化氢中毒1死1伤

● **事故经过**

2000年8月10日,某净化车间清除吸收塔底淤泥。上午9时30分，第一组人员从塔底撤出后，用水冲洗塔底，直到干净水流出。第二组人员1人下塔，1人在塔上监护，联络中断后监护人员下塔，2人相继硫化氢中毒，其中1人因抢救无效死亡。

● **事故分析**

1. 吸收塔塔底冲洗过程中，硫化氢从淤泥中逸出、聚集，引起塔底硫化氢浓度超标。

2. 第二组人员未对硫化氢浓度进行检测，盲目进入吸收塔，导致硫化氢中毒。

3. 施救人员未戴防护用具，盲目施救，致使事故扩大。

案例九 空气开关绝缘差 电弧伤人

● **事故经过**

2000年9月19日，某厂10千伏电站因雷击产生的感应过电压将一供电回路空气开关击坏，该厂立即派助理电气工程师林某组织人员更换维修。当更换空气开关完毕进行合闸操作时，该空气开关因短路而产生强烈电弧，将正在进行合闸操作的林某严重灼伤。

● **事故分析**

1. 新更换的空气开关电气绝缘性差，在进行合闸操作时，因短路产生强烈电弧，将林某严重灼伤。

2. 作业人员忽视了相关安全规定，对作业过程的安全风险防范未引起足够的重视，更换前未对空气开关作绝缘检查。

3. 配电屏没有防护设施，在合闸操作时产生电弧光。

案例十　法兰破裂　天然气泄漏着火

● **事故经过**

1999年4月2日14时55分，某站值班人员完成巡回检查及资料录取工作，确认该站处于正常生产状况，各项运行参数符合生产要求，未发现异常现象。15时，值班人员突然看见收球筒处气流喷射出并着火燃烧。当时火势并不猛烈,一条细长的火焰从燃烧口处一直窜至微波塔下。随即一声巨响,火势由平行西向的燃烧转向天空燃烧,数名当地农民在100余米外的公路或承包地里被烧伤。造成当地村民2人死亡,10人轻伤。

● **事故分析**

对焊法兰生产厂家在生产时选用材质未按技术要求进行,所用材质为非锻钢件,与输送天然气中的硫化氢起化学反应后,产生氢脆性断裂,以致天然气泄漏,而高压气流将输气管内的硫化亚铁粉末带出遇空气自燃,导致大火。

案例十一　违章更换阀门填料物体打击受伤害

● **事故经过**

2002年2月19日8时50分,某技术员张某带领3名维修人员维护、保养站场阀门。在对站场设备和管线的天然气进行彻底放空,确认站场各压力表示值为零后,张某安排维修工方某更换汇管上的某闸阀填料。方某先拆除阀门阀架,在拆除压帽螺母后,用手无法取下压盖,于是用螺丝刀撬填料压盖。突然砰的一声,阀盖、填料、垫片等随气流冲出,导致方某受伤。

● **事故分析**

方某在进行更换30号阀门填料作业时,违反阀门填料更换操作程序,在未确定已将闸阀内余气压力降为零的情况下,擅自拆除阀门阀架,在用螺丝刀撬松阀门压帽时,阀门内余气(该阀门微漏)将压帽、填料、垫片等物体冲出,使其被冲出的压帽砸伤。

参考文献

孙维生主编.常见危险化学品的危害与防治.北京:化学工业出版社,安全与科学工程出版中心,2005

记 录 页

记 录 页

记 录 页

记 录 页

记 录 页

记录页

记 录 页